BODENKUNDLICHES PRAKTIKUM

VON

Dr. EILH. ALFRED MITSCHERLICH
O. Ö. PROFESSOR DER LANDWIRTSCHAFTLICHEN
PFLANZENBAULEHRE AN DER UNIVERSITÄT
KÖNIGSBERG I. PR.

MIT 15 ABBILDUNGEN

BERLIN
VERLAG VON JULIUS SPRINGER
1927

ISBN-13: 978-3-642-90115-7 e-ISBN-13: 978-3-642-91972-5
DOI: 10.1007/978-3-642-91972-5

ALLE RECHTE, INSBESONDERE DAS DER ÜBERSETZUNG
IN FREMDE SPRACHEN, VORBEHALTEN.

COPYRIGHT 1927 BY JULIUS SPRINGER IN BERLIN

Reprint of the original edition 1927

MEINEN SCHÜLERN

GEWIDMET

Vorwort.

Wenn wir als Lehrer unseren Studierenden die Fähigkeit beibringen können, exakt zu beobachten und ferner erreichen, daß sich unsere Schüler diese Beobachtungen zu erklären versuchen oder gar erklären können, dann ist alles erreicht, was ein persönlicher Unterricht bezwecken kann. Es kommt beim Studium keineswegs darauf an, daß man ein gewisses präsentes Wissen sich aus Büchern oder aus Vorlesungen einpfropft, was doch nach glücklich bestandenem Examen meist bald wieder vergessen wird, und was man später sehr leicht aus Büchern wieder zu entnehmen vermag; sondern es kommt alles darauf an, das Denkvermögen in die richtigen Bahnen zu lenken und zu schärfen. Das ist das, was auch heute der Land- und der Forstwirt mehr als alles andere für seine eigene praktische Tätigkeit nötig hat.

Wir Dozenten erreichen das nicht so sehr durch die Vorlesungen, die doch mehr oder weniger nur Anregungen geben können, welche das Studium der einschlägigen Literatur nicht in so hohem Maße zu bieten vermag, als vielmehr durch praktische Übungen, in denen das in den Vorlesungen Gebotene dem Verständnis des Schülers in ganz anderer Weise nahegebracht werden kann. Frage und Gegenfrage tragen hier zur weiteren Klarheit wesentlich bei.

Als ein Beispiel derartiger praktischer Übungen möchte ich das vorliegende bodenkundliche Praktikum angesehen haben, welches hier oder da anregend zum eigenen Arbeiten und zum Nachdenken über bodenkundliche Fragen wirken möchte.

Wenn ich mich dabei lediglich auf die physikalischen Bodenuntersuchungen beschränke, so geschieht das insonderheit darum, weil dieses Gebiet einmal bislang von unserer land- und forstwirtschaftlichen Wissenschaft außerordentlich stiefmütterlich behandelt wird, und andererseits darum, weil es m. E. die Vorstufe für alle chemisch- und pflanzenphysiologisch-bodenkundliche Arbeiten bilden sollte. Auch sehe ich im nachfolgenden noch absichtlich von allen Methoden der Bodenuntersuchung am gewachsenen Boden vollkommen ab, obwohl gerade diesen hauptsächlich pflanzenphysiologische Bedeutung zukommt, und beschränke mich lediglich auf die sogenannten Laboratoriumsmethoden, weil nur die letzteren leicht im „Massenbetriebe" als Praktikum ausgeführt werden können. Daß dieses bei den letzteren Methoden möglich ist, und daß andererseits auch unsere Studierenden diesen praktischen Übungen großes Interesse entgegenbringen, mag man daraus ersehen, daß allein das bodenkundliche Praktikum im Pflanzenbau-Institut der Universität Königsberg, obwohl es sechsstündig abgehalten werden mußte, von gut einem Drittel aller Landwirtschaft Studierenden besucht wird. Möchten auch die weiteren Semester hier, wie an anderen Universitäten und Hochschulen Freude daran haben!

Königsberg i. Pr., im Februar 1926.

Eilh. Alfred Mitscherlich.

Inhaltsverzeichnis.

Seite

Einführung 1

I. Rohere Methoden der Bodenuntersuchung 4
Erste Aufgabe. Die Bestimmung des Volumenmaßgewichtes . . . 4
Zweite Aufgabe. Die Bestimmung der Beobachtungsfehler. . . . 6
Dritte Aufgabe. Die Bestimmung der Wasserkapazität des Bodens 12
   a) Die Methode nach Schübler und Trommer S. 12 —
   b) Weitere Methoden S. 13.
Vierte Aufgabe. Die Bestimmung der Wasserverdunstung aus dem Boden 16
Fünfte Aufgabe. Die Bestimmung der Wasserverdunstung aus dem Boden unter Berücksichtigung verschiedener Wasserleitung 17
Sechste Aufgabe. Versuche zur Bestimmung der Wasserdurchlässigkeit des Bodens 18

II. Feinere Methoden der Bodenuntersuchung 21
Siebente Aufgabe. Die Bestimmung der Empfindlichkeit der Wage 21
Achte Aufgabe. Die Bestimmung der Korngröße der festen Bodenbestandteile 23
   a) Die Siebmethode S. 23 — b) Die Schlämmmethode S. 24.
Neunte Aufgabe. Die Ausflockung des Tones 26
Zehnte Aufgabe. Die Trockensubstanzbestimmung beim Boden . . 27
   a) Das Trocknen im Trockenschrank S. 28 — b) Das Trock- im Exsikkator S. 29.
Elfte Aufgabe. Die Bestimmung des spezifischen Gewichtes des Bodens 30
Zwölfte Aufgabe. Die Bestimmung der Hygroskopizität 33

Anmerkung: Die erforderlichen Apparate können u. a. von der Firma »Ludwig Ziehe — Königsberg i. Pr., Wagnerstraße 12« bezogen werden. Als vierstellige Logarithmentafeln eignen sich am besten die auf Karton aufgezogenen »Logarithmen und Antilogarithmen«, Verlag von Gustav Koester — Heidelberg (Preis 1.— RM).

Einführung.

Wenn man irgendwelche Beobachtungen anstellt, so wird es zu allererst darauf ankommen, sich über den Wert dieser Beobachtungen Rechenschaft abzulegen, denn es hängt davon nicht nur die ganze Art unserer Beobachtungsweise ab, sondern auch die Art der Apparate, welche wir zu diesen Beobachtungen heranziehen. Läßt es die Materie nicht zu, irgendwelche Beobachtungen mit größerer Genauigkeit auszuführen, so ist es auch vollkommen zwecklos, hier besonders empfindliche Apparate zu benutzen, welche eine größere Genauigkeit gestatten. Gerade der Boden und die Bodenuntersuchung sind in dieser Beziehung so lehrreich, wie kaum ein anderes Forschungsgebiet; denn alle Bodenuntersuchungen, welche die wechselvolle Art der Lagerung der festen Bodenteilchen als Grundlage haben, gehören unbedingt zu diesen roheren Methoden, welche also auch mit roheren Apparaten zu erforschen sind; während sämtliche Methoden, welche sich mit den spezifischen Eigenschaften der festen Bodenbestandteile beschäftigen, eine größere Genauigkeit zulassen und damit genauere Apparate verlangen.

Der Unterricht im bodenkundlichen Praktikum zerfällt danach in zwei ganz verschiedene Teile, von denen man stets den Teil der roheren Untersuchungsmethoden naturgemäß zuerst behandeln wird.

Als charakteristischer Apparat für beide Teile gilt uns die Wage.

Für die roheren Bodenuntersuchungen ist eine Wage erforderlich, welche eine größere maximale Belastung verträgt, aber nicht so empfindlich ist. Für die feineren Untersuchungen gebrauchen wir dagegen eine Wage von größerer Empfindlichkeit, die aber dementsprechend eine geringere maximale Belastung verträgt.

Da wir im nachstehenden von allen chemischen Analysen absehen, und nur physikalische Bodenuntersuchungen vornehmen wollen, so dürften für derartige Massenuntersuchungen die folgenden Wagen zu empfehlen sein:

1. Für die gröberen Bodenuntersuchungen eine sogenannte Briefwage (Abb. 1); diese verträgt eine Maximalbelastung von

2 Einführung.

1 kg und besitzt dabei eine Empfindlichkeit von 0,1 g (Schalendurchmesser 15,5 cm).

2. Für die feineren Bodenuntersuchungen eine sogenannte Präzisionswage (Abb. 2), welche eine Maximalbelastung von 200 g zuläßt, dagegen eine Empfindlichkeit von angenähert 0,001 g besitzt.

Für beide Wagen genügt ein Gewichtssatz, welcher Messinggewichte in der üblichen Abstufung von einem Stück zu 500 g bis zu einem solchen von 1 g enthält, und ferner Bruchgewichte (zweckmäßig Aluminiumspiralen) von 0,5 g bis 0,01 g.

Ebensowenig wie eine Reiterverschiebung an den Präzisions-

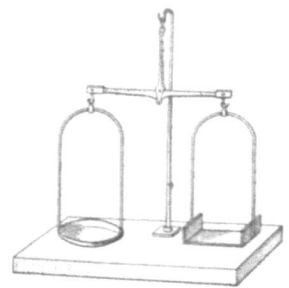
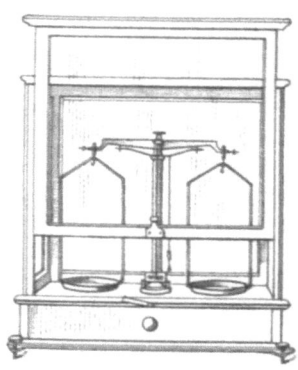

Abb. 1. Briefwage. Abb. 2. Präzisionswage.

wagen ist ein feinerer Gewichtssatz erforderlich; doch ist wohl darauf zu achten, daß die Gewichte von dem 100-g-Stück abwärts, d. h. soweit diese auch für die Präzisionswage benutzt werden müssen, nicht mehr mit der Hand, sondern nur mit einer Pinzette angefaßt werden.

Für die Benutzung der Wagen gilt das allgemein Übliche: daß der zu wiegende Gegenstand, der also als festes einmaliges Gewicht auf eine Wagschale gebracht wird, auf der Seite der Wage, also auf die Wagschale zu liegen kommt, welche am unhandlichsten ist. Ist der Praktikant so rechtshändig und soll er das Gewicht eines Gefäßes feststellen, so stellt er dieses Gefäß auf die linke Wagschale, während er rechts die Gewichte nach und nach auflegt. Soll er hingegen in einem gewogenen Gefäße eine bestimmte Menge Boden einwiegen, so legt er das Gewicht des Gefäßes und der einzuwiegenden Bodenmenge auf die linke Wagschale und das Gefäß, in das er nach und nach Boden zufüllt oder aus dem er Boden abnimmt, auf die rechte Schale. Der Linkshändige verfährt entsprechend umgekehrt.

Einführung. 3

Bei den Präzisionswagen ist vor dem Auflegen und ebenso vor dem Herunternehmen eines Gewichtes bzw. einer Bodenmenge die Wage zu arretieren und vor dem Wiegen das Glasfenster zu schließen. Nach dem Gebrauche sind alle Gewichte sorgfältig in den Gewichtskasten zurückzulegen und bei den Präzisionswagen die Wagschalen zu entlasten.

Zu den Arbeiten werden drei möglichst verschiedene Bodentypen herangezogen, so: Hohenbockaer Glassand, ein Lehmboden und ein Niederungsmoorboden. Die Bodenarten werden in großer Menge zunächst lufttrocken gemacht und durch ein 1,5 mm Rundlochsieb abgesiebt. Jede Beobachtung wird von jedem Praktikanten dreimal in ganz der gleichen Weise ausgeführt.

I. Rohere Methoden zur Bodenuntersuchung.

Erste Aufgabe.
Die Bestimmung des Volumenmaßgewichtes.

Erforderliche Apparate:
Die Briefwage mit den erforderlichen Gewichten.
Ein oben offener Blechkasten in Würfelform aus verzinktem Eisenblech, sog. „Blechkäfterchen". Es soll wasserdicht sein, etwa 6,7 cm Kantenlänge und 300 ccm Inhalt haben.
Ein Rundholz von 1 cm Stärke und 15 cm Länge,
ein starker Draht von gleicher Länge,
ein kleines Zentimetermaß von gleicher Länge,
eine Spritzflasche mit Wasser,
zwei Porzellanschalen von 10 und 15 cm Durchmesser.

Es ist zunächst das Volumen des Käfterchens zu bestimmen, und zwar
1. auszumessen und danach zu berechnen;
2. mit Wasser auszuwiegen; hierfür wird erst das Gewicht des Käfterchens festgestellt, sodann wird es mit Wasser gefüllt (zuletzt auf der Wage mittels der Spritzflasche), bis der Wasserspiegel mit dem Gefäßrande abschneidet, und wiedergewogen.

Die eingefüllten Gewichtsmengen Wasser in Grammen werden als Kubikzentimeter in Rechnung gestellt.

Wie groß ist der Fehler, welcher hier bei einer Zimmertemperatur von $+ 20°$ C gemacht wird?

Welche der beiden Methoden gibt sicherere Ergebnisse? Und warum? —

Das Käftchen wird getrocknet und nunmehr vorsichtig mit Sand angefüllt, ohne daß es hierbei irgendwie erschüttert wird; der überstehende Sand wird
1. mit dem Lineal vorsichtig abgestrichen;
2. mit dem Rundholz vorsichtig abgerollt.

Alsdann wird jedesmal das Gefäß mit dem Sande auf die Wage gesetzt und gewogen; von dem gefundenen Gewichte wird das Gewicht des Käfterchens in Abzug gebracht, und die so gewogene eingefüllte Sandmenge durch das Volumen des Käfterchens dividiert.

Die Bestimmung des Volumenmaßgewichtes.

Man erhält das Volumenmaßgewicht, d. i. die in einem Kubikzentimeter eingefüllte Bodenmenge.

Inwieweit stimmen die Ergebnisse ad 1 und ad 2 innerhalb der Versuchsfehler überein? — Wodurch können die Unterschiede in den Ergebnissen erklärt werden?

Der Versuch ist zu wiederholen; der Sand ist aber möglichst dicht zu lagern, also eventuell mit dem Rundholze zu stopfen oder durch Erschüttern und Klopfen an dem Käfterchen in eine möglichst dichte Lagerung zu bringen.

Das Volumenmaßgewicht wird ein größeres.

Derselbe Versuch ist zu wiederholen, doch ist der Sand bzw. Boden unter Wasser einzuschlämmen. Dabei muß natürlich die benutzte Bodenmenge dem Gewicht nach bekannt bleiben!

Es sind hierbei nach Möglichkeit alle Luftblasen aus den Hohlräumen zu entfernen! Hierzu wird meist ein Umrühren mit dem starken Drahte erforderlich sein; doch hüte man sich dabei vor Bodenverlusten.

Am Schluß dieses Versuches ist auch das Käfterchen mit Boden und Wasser zu wiegen, und es sind aus den nunmehr bekannten Gewichten und Volumen die folgenden Größen zu berechnen:

1. Die Wasserkapazität des Bodens bezogen auf die Gewichtseinheit des eingefüllten Bodens.
2. Die Wasserkapazität in Volumprozenten.
3. Das Hohlraumvolumen in Prozenten des Gesamtvolumens.
4. Das spezifische Gewicht der festen Bodenteilchen.
5. Das spezifische Volumen der festen Bodenteilchen.
6. Das Hohlraumvolumen in Prozenten des Gesamtvolumens bei der verschieden dichten Lagerung des lufttrocken eingefüllten Bodens.

Die gleichen Versuche werden auch mit dem Lehmboden und dem Moorboden ausgeführt.

Erhält man die dichteste Lagerung in jedem Falle, wenn der Boden mit Wasser eingeschlämmt wird?

Wann und warum nicht?

Woher kommt es, daß die Oberfläche des mit Wasser eingeschlämmten Sandes trocken wird, wenn man die Käfterchen oben etwas zusammendrückt? Verwendet man zu den Versuchen grobkörnigen Lehm und bestimmt man mit dem gleichen Materiale wiederholt hintereinander das Volumenmaßgewicht bei dichtester Lagerung des lufttrockenen Bodens, so wird man Ergebnisse erzielen, welche mit jedem Male höher werden. Worauf ist das zurückzuführen?

Welche grundlegenden Unterschiede stellen sich in den gefundenen Werten bei den verschiedenen Bodenarten ein? Und worauf sind sie zurückzuführen?

Zweite Aufgabe.
Die Bestimmung der Beobachtungsfehler.

Aus den je drei oder besser je vier Beobachtungen ganz gleicher Art ist nun der Beobachtungsfehler zu berechnen. Es geschieht das in der Art, daß man das Mittel dieser Beobachtungen bildet, alsdann die Differenzen, welche die einzelnen Beobachtungen zu diesem Mittelwerte bilden. Diese Differenzen werden ohne Rücksichtnahme auf ihr Vorzeichen addiert, mit 0,845 multipliziert und durch die Wurzel aus $n\ (n-1)$ dividiert, wobei n gleich der Anzahl der Beobachtungen ist.

Will man den Fehler seines ganzen Ergebnisses bestimmen, d. h. den Fehler des Mittels aller gleichangestellten Beobachtungen, so muß man den obigen Fehler, welcher der einzelnen Beobachtung anhaftet, noch durch die Wurzel aus n dividieren.

Warum ist es zweckmäßig, den „wahrscheinlichen Fehler" der Beobachtungen zu berechnen? — Und warum ist es zwecklos, diesen wahrscheinlichen Fehler mit Hilfe der zweiten Potenzen, d. h. über den „mittleren Fehler" zu bestimmen?

Um diese Frage endgültig zu klären, ist es zweckmäßig, das gesamte von allen Praktikanten erarbeitete Material zusammenzustellen; ich will das nachträglich an einem Beispiele ausführen, jedoch die Antwort auf die obigen Fragen vorausschicken:

Für so wenige Beobachtungen, mit denen wir es hier, wie bei allen land- und forstwirtschaftlichen Problemen zu tun haben, hat die Berechnung des Fehlers ausschließlich den Wert, sich selbst über die Genauigkeit seiner Arbeit Rechenschaft abzulegen. Es würde somit die Berechnung des „durchschnittlichen Fehlers" vollkommen genügen! Wenn wir trotzdem diesen noch wie oben erwähnt mit 0,845 multiplizieren und so auf den „wahrscheinlichen Fehler" nach Rodewald[1]) übergehen, so geschieht das nur darum, weil wir uns über diese Größe eine bessere Vorstellung zu machen vermögen, da dieser Fehler genau in 50 von 100 Fällen überschritten wird, und eine Überschreitung des vierfachen wahrscheinlichen Fehlers nicht mehr als zufällige Erscheinung, sondern als eine solche zu bewerten ist, welche auf anderen Grundlagen entstand; sei es, daß hierbei grobe Versuchsfehler vorliegen, oder daß hier eine noch unbekannte neue Naturerscheinung, ein neues Naturgesetz, vorgelegen hat.

---
[1]) „Untersuchungen über die Fehler der Samenprüfungen". Arbeiten der Deutschen Landwirtschafts-Gesellschaft. Heft 101. (1904).

Die Bestimmung der Beobachtungsfehler.

Die zweite Frage ist dahin zu beantworten, daß es bei der großen Ungenauigkeit, mit welcher der „wahrscheinliche Fehler" aus nur wenigen Beobachtungen ermittelt werden kann, völlig zwecklos ist, eine exaktere Berechnungsart für den Fehler selbst auszuführen, weil das eben die Materie selbst nicht zuläßt! — Wir würden hier in genau den gleichen Fehler verfallen, wie wenn wir bodenkundliche Untersuchungen, bei welchen die momentane Lagerung des Bodens natürlich große Differenzen verursacht, mit Hilfe einer feinen analytischen Wage ausführen wollten, oder, wenn wir z. B. das Tausendkorngewicht einer Saat auf Milligramme genau bestimmen wollten, von der ein einzelnes Korn bereits ein Zentigramm wiegt!

Bei der Wichtigkeit dieser Überlegungen erscheint es mir angebracht, gerade diese Frage hier an einem Beispiele zu untersuchen.

Es mögen hierfür zunächst die Formeln wiedergegeben werden, nach welchen der „durchschnittliche Fehler" $= \text{„}t\text{"}$, der „mittlere Fehler" $= \text{„}m\text{"}$ und der „wahrscheinliche Fehler" $= \text{„}r\text{"}$ aus einer „Anzahl von Beobachtungen" $= \text{„}n\text{"}$, welche den Mittelwert „M" bilden, ermittelt werden.

Man bildet hierzu die Differenz jeder einzelnen Beobachtung zu diesem Mittelwerte und alsdann die „Summe dieser Differenzen" $= \text{„}(v)\text{"}$; oder man bildet zunächst von jeder dieser Differenzen das Quadrat und alsdann die „Summe dieser Quadrate der Differenzen" $= \text{„}(vv)\text{"}$; alsdann ist:

$$t = \pm \frac{(v)}{\sqrt{n \cdot (n-1)}} \quad (1)$$

$$m = \pm \sqrt{\frac{(vv)}{n-1}} \quad (2)$$

$$r = \pm 0{,}845 \cdot t = \pm 0{,}845 \cdot \frac{(v)}{\sqrt{n(n-1)}} \quad (3)$$

$$r = \pm 0{,}674 \cdot m = \pm 0{,}674 \cdot \sqrt{\frac{(vv)}{n-1}}. \quad (4)$$

Wir wollen nunmehr unsere Berechnungen an einem Beispiele ausführen, welches wir als Ergebnis unserer ersten Aufgabe erhielten:

Das Volumenmaßgewicht des trockenen Sandes wurde bei fester Einfüllung von 36 Herren bei je dreifacher Wiederholung des Versuches wie folgt ermittelt:

Zweite Aufgabe.

Beobachtung	Abweichung vom Mittel	Beobachtung	Abweichung vom Mittel	Beobachtung	Abweichung vom Mittel
1,56	+ 0,077	1,60	+ 0,037	1,69	− 0,053
1,60	+ 0,037	1,62	+ 0,017	1,65	− 0,013
1,62	+ 0,017	1,62	+ 0,017	1,64	− 0,003
1,66	− 0,023	1,58	+ 0,057	1,69	− 0,053
1,66	− 0,023	1,62	+ 0,017	1,71	− 0,073
1,67	− 0,033	1,65	− 0,013	1,67	− 0,033
1,49	+ 0,147	1,64	− 0,003	1,67	− 0,033
1,48	+ 0,157	1,63	+ 0,007	1,66	− 0,023
1,52	+ 0,117	1,63	+ 0,007	1,65	− 0,013
1,62	+ 0,017	1,65	− 0,013	1,67	+ 0,033
1,63	+ 0,007	1,68	− 0,043	1,67	− 0,033
1,67	− 0,033	1,68	− 0,043	1,65	− 0,013
1,65	− 0,013	1,58	+ 0,057	1,67	− 0,033
1,65	− 0,013	1,65	− 0,013	1,63	+ 0,007
1,65	− 0,013	1,67	− 0,033	1,64	− 0,003
1,62	+ 0,017	1,65	− 0,013	1,67	− 0,033
1,63	+ 0,007	1,63	+ 0,007	1,69	− 0,053
1,63	+ 0,007	1,64	− 0,003	1,69	− 0,053
1,58	+ 0,057	1,59	+ 0,047	1,70	− 0,063
1,60	+ 0,037	1,62	+ 0,017	1,70	− 0,063
1,65	− 0,013	1,64	− 0,003	1,69	− 0,053
1,61	+ 0,027	1,68	− 0,043	1,59	+ 0,047
1,62	+ 0,017	1,64	− 0,003	1,66	− 0,023
1,64	− 0,003	1,68	− 0,043	1,65	− 0,013
1,60	+ 0,037	1,63	+ 0,007	1,63	+ 0,007
1,63	+ 0,007	1,63	+ 0,007	1,61	+ 0,027
1,64	− 0,003	1,67	− 0,033	1,65	− 0,013
1,64	− 0,003	1,66	− 0,023	1,68	− 0,043
1,65	− 0,013	1,63	+ 0,007	1,68	− 0,043
1,66	− 0,023	1,62	+ 0,017	1,68	− 0,043
1,59	+ 0,047	1,55	+ 0,087	1,67	− 0,033
1,59	+ 0,047	1,59	+ 0,047	1,67	− 0,033
1,67	− 0,033	1,61	+ 0,027	1,68	− 0,043
1,54	+ 0,097	1,62	+ 0,017	1,67	− 0,033
1,65	− 0,013	1,60	+ 0,037	1,64	− 0,003
1,68	− 0,043	1,61	+ 0,027	1,64	− 0,003

Mittel aller Beobachtungen . . . . . $M = 1{,}637$
Summe der Abweichungen vom Mittel $(v) = 3{,}314$
„r" berechnet aus den ersten Potenzen: $r = \pm\, 0{,}026$.

Die Bestimmung der Beobachtungsfehler.

Wir finden zunächst, daß von den vorliegenden $n = 108$ Einzelbeobachtungen 54 einen Fehler haben, der kleiner als „r" ist, und 54 einen solchen, der größer als „r" ist. Bei drei Beobachtungen finden wir Fehler bzw. Abweichungen, welche größer als $4 \cdot r$ sind. Diese drei Beobachtungen, die siebente bis neunte, wurden von dem gleichen Beobachter angestellt. Es ergibt sich aus der Fehlerberechnung, daß hier ein gröberer Fehler vorliegen muß. Wir kontrollieren die Beobachtung und die Rechnungen und finden, daß der Beobachter sein Volumenmaß, durch welches er ja jedes seiner drei Ergebnisse dividieren mußte, zu hoch bestimmt hatte.

Auf diese Weise hilft uns die Fehlerberechnung zum Auffinden grober Versehen!

Meist werden wir es aber bei unseren Beobachtungen nicht mit einer großen Anzahl von Beobachtungen zu tun haben, sondern nur mit einer geringen Zahl, und während uns die Wahrscheinlichkeitsrechnung wohl über die Anzahl und die Größe der Abweichungen Auskunft gibt, so vermag sie uns nicht zu sagen, wann nun bestimmte Abweichungen eintreten müssen.

Wir wollen nun den häufigen Fall annehmen, daß wir nur je sechs Beobachtungen angestellt hätten, und ich will als solche die je sechs ersten aus jeder der drei Spalten annehmen, die ja hintereinander ausgeführt wurden, und aus ihnen die wahrscheinlichen Fehler berechnen:

Be- obachtung	Abweichung vom Mittel	Be- obachtung	Abweichung vom Mittel	Be- obachtung	Abweichung vom Mittel
1,56	+ 0,068	1,60	+ 0,015	1,69	− 0,015
1,60	+ 0,028	1,62	− 0,005	1,65	+ 0,025
1,62	+ 0,008	1,62	− 0,005	1,64	+ 0,035
1,66	− 0,032	1,58	+ 0,035	1,69	− 0,015
1,66	− 0,032	1.62	− 0,005	1,71	− 0,035
1,67	− 0,042	1,65	− 0,035	1,67	+ 0,005
$M =$	1,628		1,615		1,675
$(v) =$	0,210		0,100		0,130
$r =$	± 0,0324		± 0,0154		± 0,0201.

Wir erkennen hieraus, daß der wahrscheinliche Fehler, unser Genauigkeitsmaß, großen Schwankungen unterlegen ist, wenn wir nur wenige Beobachtungen gleicher Art, also z. B. nur sechs ausführen, da wir nicht wissen, welche Abweichungen zuerst auftreten.

Wenn nun hierdurch unser Genauigkeitsmaß großen Schwankungen unterworfen ist, welchen Wert hat es da wohl, eine genauere Methode zu seiner Berechnung anzuwenden?

Um das zu zeigen, berechnen wir aus den gleichen Beobachtungen nunmehr die wahrscheinlichen Schwankungen mit Hilfe der zweiten Potenzen nach unserer Gleichung (4); wir bilden hierzu die Quadrate der Abweichungen „dd" und deren Summe (vv) in der nachfolgenden Rechnung:

Beobachtung	„dd"	Beobachtung	„dd"	Beobachtung	„dd"
1,56	0,004624	1,60	0,000225	1,69	0,000225
1,60	0,000784	1,62	0,000025	1,65	0,000625
1,62	0,000064	1,62	0,000025	1,64	0,001225
1,66	0,001024	1,58	0,001225	1,69	0,000225
1,66	0,001024	1,62	0,000025	1,71	0,001225
1,67	0,001764	1,65	0,001225	1,67	0,000025
M =	1,628		1,615		1,675
(vv) =	0,009284		0,002750		0,003550
r =	± 0,0291		± 0,0158		± 0,0180
gegen	± 0,0324		± 0,0154		± 0,0201.

Wir ersehen aus diesen Berechnungen, daß sich die Größe der wahrscheinlichen Schwankung wohl um 10 vH durch diese genauere Rechnungsmethode ändern kann, daß damit aber in keiner Weise der absolute Wert dieser Größe genauer wird.

Eine Berechnung des wahrscheinlichen Fehlers mit Hilfe der Quadrate der Differenzen, also über den mittleren Fehler, hat demnach für alle Fälle, wo uns nur eine beschränkte Anzahl von Beobachtungen zur Verfügung steht, keinen Wert!

Man sollte nun aber auch zeigen, daß diese wahrscheinliche Schwankung nicht sehr genau festzustellen ist, und sie dementsprechend abkürzen, da es keinen Wert hat, eine Beobachtung genauer zu berechnen, als es der Beobachtungswert zuläßt! Unsere drei obigen Beobachtungen sind danach wie folgt zu schreiben:

$$1{,}63 \pm 0{,}03 \qquad 1{,}62 \pm 0{,}02 \qquad 1{,}68 \pm 0{,}02.$$

Wollen wir das Endergebnis einer Versuchsreihe von je sechs Versuchen nun feststellen, so haben wir unsere wahrscheinliche Schwankung noch durch die Wurzel aus der Anzahl der Beobachtungen, also hier durch Wurzel aus sechs zu dividieren. Das Ergebnis besagt alsdann, daß wir dann wieder innerhalb der Versuchsfehler das gleiche Ergebnis erzielen müssen, wenn wir

Die Bestimmung der Beobachtungsfehler.

wieder je sechs Versuche in gleicher Weise anstellen und das Mittel aus diesen Resultaten bilden. Dieser wahrscheinliche Fehler des Mittels, welches ja bekanntlich stets der wahrscheinlichste Wert einer Reihe von Beobachtungen ist, ist dann auch der wahrscheinliche Fehler unseres Endergebnisses.

$$R = \frac{r}{\sqrt{n}}. \tag{5}$$

Aus der vorstehenden Gleichung ersieht man am besten, welchen Wert es hat, mehr als zwei Parallelversuche anzustellen. Bei vier Parallelversuchen wird der Fehler des Mittels halb so groß wie der einer einzelnen Beobachtung, bei sechs Parallelversuchen etwa 0,4mal, bei je 9 Beobachtungen 0,33-, bei 16 Beobachtungen 0,25mal so groß, usf. — Hieraus wird man am besten ermessen können, wieviel Parallelversuche man zweckmäßig im einzelnen Falle durchführen muß.

Da als Genauigkeitsmaß die Berechnung der wahrscheinlichen Schwankung aus den ersten Potenzen, wie wir sahen, genügt, so dürfte es zweckmäßig sein, sich eine Tabelle zu berechnen, die uns angibt, mit welchem Faktor wir nach Gleichung (3) jedesmal die Summe der Abweichungen zu multiplizieren haben, um daraus direkt die wahrscheinliche Schwankung der einzelnen Beobachtung bzw. die des Mittelwertes zu errechnen.

Es ist ferner zweckmäßig, alle Beobachtungen, welche im Praktikum ausgeführt werden, in der angegebenen Weise zu verarbeiten, da man dann über die Sicherheit der einzelnen Methoden gute Auskunft erhalten kann.

Man wird dann z. B. finden, daß der locker eingefüllte Sand bei der Bestimmung der Volumenmaßeinheit gröbere Abweichungen aufweist, als der festeingestampfte Sand (warum?); man wird finden, daß diese Schwankungen um den Mittelwert noch weit höhere sind bei locker eingefülltem Lehm (warum?) usf. —

Kennt man so die Genauigkeit der eigenen Arbeit, dann wird man auch lernen, nicht eine größere Anzahl von Stellen hinter dem Komma zu berechnen, als man wirklich sicher feststellen konnte; denn jede weitere Rechnung hat nicht nur keinen Wert, sondern sie erschwert nur die Übersicht und beweist, daß der Versuchsansteller sich über den Wert seiner eigenen Arbeit nicht unterrichten konnte! Stellt also ein gewisses Armutszeugnis aus!

Es dürfte sich empfehlen, zum Schluß einer jeden Untersuchung den wahrscheinlichen Fehler aus sämtlichen Ergebnissen zu ermitteln, und ferner den persönlichen Fehler des einzelnen Beobachters festzustellen. Was ist hierzu erforderlich?

Dritte Aufgabe.
Die Bestimmung der Wasserkapazität des Bodens.
a) Die Methode nach Schübler und Trommer.
Erforderliche Apparate:
Die Briefwage mit zugehörigen Gewichten.
Ein Glastrichter von 7 cm Durchmesser.
Eine Pulverflasche von 10 cm Höhe (inkl. Hals).
Filter von 12,5 cm Durchmesser.
Die Spritzflasche.
Der starke Draht.

Der Trichter wird mit einem Filter versehen; das Filter wird naß gemacht, so daß Wasser durchläuft. Fließt kein Wasser mehr ab, so stellt man den Trichter in das Pulverfläschchen und wiegt beides als Tara.

Es wird nun Boden auf das Filter gebracht, jedoch nicht mehr als etwa 1 cm unter dem oberen Rande des Filtrierpapieres (etwa 30—50 g), und sodann die Tara + Boden wiedergewogen, um so die angewandte Gewichtsmenge Boden festzustellen.

Man gibt nun wiederholt Wasser auf den Boden, so daß dieses etwas übersteht, und läßt das überschüssige Wasser ablaufen; alsdann wägt man wieder, um die aufgenommene Wassermenge zu ermitteln. Nach der ersten Wägung ist wieder Wasser aufzugießen, um zu sehen, ob das Gewicht und damit das Ergebnis konstant bleibt.

Ist letzteres der Fall, so gießt man von neuem Wasser auf den Boden, rührt diesen aber vorsichtig (ohne das Filtrierpapier zu verletzen!) mit dem starken Drahte um (nach Trommer). und wägt alsdann von neuem. Auch dieses Gewicht ist zu kontrollieren und jeder Versuch dreimal mit neuem Boden auszuführen.

Wir drücken nun die aufgenommene Wassermenge in Prozenten des angewandten Bodens aus und erhalten so die ,,Wasserkapazität des Bodens".

Unterscheiden sich die Ergebnisse infolge des Umrührens des Bodens? Warum beim Sande so wenig?

Worauf ist es zurückzuführen, daß die Methode Trommer, trotzdem die Luft doch sicherer aus dem Boden entfernt wurde, niedrigere Resultate ergibt als die ursprüngliche Methode von Schübler ohne Aufrühren des Bodens?

Die Bestimmung der Wasserkapazität des Bodens.

b) Weitere Methoden.

Erforderliche Apparate:

Die Briefwage mit den zugehörigen Gewichten.

Ein Messingzylinder nach Wahnschaffe (Abb. 3), welcher 3,8 cm lichten Durchmesser und 15 cm Höhe besitzt. 0,5 cm über dem unteren Rande ist ein Drahtnetz (a—a) eingelötet; am unteren 0,5 cm hohen Teile sind Löcher in den Zylinder eingestanzt, um die Luft entweichen zu lassen. Dazu gehört ein flaches Glasschälchen, welches über den Zylinder gedeckt werden kann, in welches man aber auch den Zylinder hineinstellen kann, um ihn so (und nur so!) auf die Wage zu stellen.

Ein Gefäß, in welches die Zylinder bis zum oberen Rande in Wasser eingestellt werden können.

Ein Blechuntersatz mit um 1 cm erhöhter Einlage (c), in welchen die Zylinder zum Ablaufenlassen des überschüssigen Wassers eingestellt werden. Bringt man in den Blechuntersatz (Abb. 4)

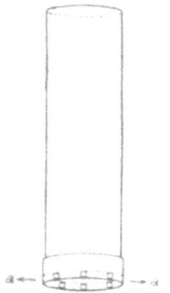

Abb. 3. Wasserkapazitätszylinder nach Wahnschaffe.

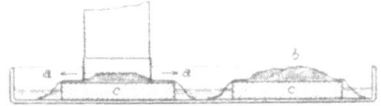

Abb. 4. Die Aufstellung der Zylinder.

Wasser und stellt man die Zylinder auf die erhöhte Einlage, so daß sie über den Wasserspiegel zu stehen kommen, dann muß es möglich sein, mittels Filtrierpapier (b) eine kapillare Wasserverbindung zwischen dem Wasserspiegel und dem in dem Zylinder befindlichen Boden herzustellen.

Eine Spritzflasche mit Wasser.

Eine Porzellanschale von 15 cm Durchmesser zum Abwiegen des Bodens.

Ein Zentimetermaß von 15 cm Länge.

Es ist zunächst der Zylinder über dem Drahtnetz mit einer einfachen Scheibe Filtrierpapier zu beschicken, alsdann von innen mit der Spritzflasche ganz naß zu machen. Nachdem das überschüssige Wasser abgelaufen ist, stellt man den Zylinder in das zugehörige Glasschälchen und bringt beides so auf die Wage. Gewicht 1 = Tara.

Es wird nun der Zylinder mit lufttrockenem Boden gefüllt

und wieder gewogen. Gewicht 2 = Tara + Boden. Die Differenz (2 — 1) ergibt so wieder die angewandte Bodenmenge.

Der Zylinder wird nun so weit in Wasser eingestellt, daß dieses 0,5 cm über dem Drahtnetz übersteht. Dieser Wasserstand ist zu regulieren. Das mitgewogene Glasschälchen wird hierbei oben aufgedeckt, um die Wasserverdunstung aus dem Boden auszuschalten. Nachdem das Wasser bis an die oberste Bodenschicht aufgesaugt ist, wird der Zylinder aus dem Wasser genommen, außen abgetrocknet, und so lange auf trockener Unterlage stehen gelassen, bis das überschüssige Wasser abgelaufen ist; alsdann trocknet man ihn von außen ab und stellt ihn in das Glasschälchen, mit dem er bislang bedeckt war, und wiegt ihn wieder (Gewicht 3 = Tara + Boden + Wasser). Der Zylinder muß alsdann wieder in Wasser eingestellt werden, wird nach einiger Zeit wiederum herausgenommen und gewogen usf., bis das Gewicht 3 konstant ist. Erschütterungen sind dabei zu vermeiden. (Warum?)

Gewicht (3 — 2) ergibt alsdann die aufgenommene Wassermenge. Diese, mit 100 multipliziert und durch die angewandte Bodenmenge dividiert, ergibt die „Wasserkapazität" je Gewichtseinheit Boden.

Die Wasserkapazität in Gewichtsprozenten eines Bodens ist danach diejenige Wassermenge, welche 100 g trockener Boden zu fassen vermögen.

Das hier vom Boden eingenommene Volumen ist durch Messung zu bestimmen, und die Wasserkapazität auch in Prozenten der Volumeneinheit Boden zu berechnen.

Der Versuch ist mit allen drei Bodentypen durchzuführen.

Nach Abschluß des Versuches stellen wir unsere Zylinder zum Benetzen derart tief in Wasser ein, daß dieses oben mit der obersten Bodenschicht soeben abschließt. Auch dieser Versuch wird bis zur Gewichtskonstanz wiederholt, das Bodenvolumen gemessen und die Wasserkapazität alsdann in Prozenten der Gewichts- und der Volumeneinheit berechnet. Warum ändert sich hierbei die Wasserkapazität und in welcher Richtung muß sie sich ändern?

Der Versuch wird ebenso wie zuletzt ausgeführt, der Zylinder wird aber zum Ablaufen nach Zudecken mit dem Glasschälchen nicht auf eine trockene Unterlage gestellt, sondern kommt auf den Blechuntersatz (Abb. 4c), und zwar, nachdem wir hierfür zunächst in den unteren Hohlraum des Zylinders einen nassen Schwamm oder nasses Filtrierpapier (b) eingelegt hatten. Es tritt eine Gewichtskonstanz ein, da weder Wasser von unten aufsteigt noch nach unten weiter abfließen kann. Der mit seinem Glas-

Die Bestimmung der Wasserkapazität des Bodens.

schälchen abgedeckte Zylinder kann so, nachdem die Konstanz erreicht wurde, tagelang stehen, ohne sein Gewicht zu verändern.

Der Boden wird weiter nicht lufttrocken in das Gefäß eingefüllt, sondern eingeschlämmt, und zwar einmal portionsweise, und ein andermal die ganze Bodenmenge auf einmal. Wie ändern sich die Ergebnisse? und warum? Der hierzu verwandte Boden muß natürlich zuvor ,,lufttrocken" gewogen werden!

Der Versuch wird wiederholt, aber die Einfüllung durch Umrühren mittels eines starken Drahtes derart bewerkstelligt, daß nach Möglichkeit sämtliche Luft aus dem Boden ausgeschlossen wird.

Auch hier wird wiederum das Volumen, welches der nasse Boden einnimmt, durch Messung bestimmt; ferner ist der Wassergehalt, welchen der Boden faßte, in Prozenten des gesamten Volumens zu berechnen, und endlich ist festzustellen, wieviel Prozente des Hohlraumvolumens in jedem Falle mit Wasser angefüllt waren.

Alle Versuche können nun derart wiederholt werden, daß auf das Drahtnetz im Zylinder nicht Filtrierpapier, sondern eine Schicht groben Sandes (1—2 mm) aufgelegt wird. Es ist dabei selbstverständlich als Tara der mit nassem Sande beschickte Zylinder mit dem untergestellten Gläschen in Ansatz zu bringen, und zwar muß man hierbei naturgemäß vor der Wägung das überschüssige Wasser ablaufen lassen.

Werden die Ergebnisse durch diese andere Unterlage andere? Und warum?

Ist die Wasserkapazität je Volumeneinheit eine höhere, wenn der Boden locker oder wenn er fest eingefüllt bzw. eingeschlämmt wird?

Wodurch werden hier die Unterschiede bedingt? Und welche Konsequenz haben wir daraus für die Bodenbearbeitung in der Praxis zu ziehen?

Warum ändert sich die Wasserkapazität eines Bodens bei gleicher Bodenbeschaffenheit in den verschiedenen tiefen Schichten?

Welchen Einfluß hat der Krumenboden auf den Wassergehalt des Bodens und wie unterscheiden sich hier die verschiedenen Bodenarten?

Es können Versuche angestellt werden mit verschiedenen Bodengemischen von Sand, Lehm und Moor ($S.$, $L.$ und $M.$), so z. B. 0,1 $S.$ + 0,9 $M.$, dann 0,2 $S.$ + 0,8 $M.$, dann 0,3 $S.$ + 0,7 $M.$ usf.

Zeigen sich hier bestimmte Gesetzmäßigkeiten bei der Veränderung der Wasserkapazität?

Es ist hier der Nachweis zu führen, daß die Grob- bzw. Feinkörnigkeit des Sandes, der zu diesen Gemischen benutzt wird, einen Einfluß auf diese Beziehungen ausübt! — Warum?

Vierte Aufgabe.
Die Bestimmung der Wasserverdunstung aus dem Boden.

Erforderliche Apparate:
Die Briefwage mit Gewichten.
Eine flache Schale von etwa 8 cm Durchmesser und 1,5 cm Höhe.
Verdunstungsschalen für den Boden (Abb. 5). Diese sind so eingerichtet, daß auf der erhöhten Mitte (m) eine dünne Schicht des zu untersuchenden Bodens (b) ausgebreitet wird, welche dadurch ständig mit Wasser gesättigt ist, daß unter ihr eine Lage Filtrierpapier ausgebreitet wird, welches über diese erhöhte Mitte hinaus unten in Wasser eintaucht und von hier aus ständig kapillar gesättigt wird. Die Wasserschicht und das Filtrierpapier werden durch einen kreisrunden Blechdeckel (a), welcher in der Mitte einen Ausschnitt von 8 cm Durchmesser hat, so abgedeckt, daß sie für die Wasserverdunstung nicht in Betracht kommen. Der ganze Apparat läßt sich auf die Briefwage setzen.

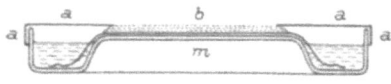

Abb. 5. Wasserverdunstungsapparat.

Es ist zunächst die Verdunstung der freien Wasseroberfläche zu ermitteln, auf welche alle anderen Verdunstungswerte zurückbezogen werden sollen.

Die Glasschale ist möglichst weit mit Wasser anzufüllen und zu wiegen. Die Differenz, welche man bei erneuter Wägung nach x Stunden erhält, ist in Millimeter Verdunstungshöhe zu berechnen.

Die Verdunstungsschale (wie Abb. 5) ist mit nassem Filtrierpapier, mit Wasser und mit Boden zu beschicken. Man bringt dazu zunächst das Wasser in die Rille, legt nasses Filtrierpapier über den Apparat und verdeckt ihn mit der Blechkappe. Alsdann streut man auf die für den Boden freigebliebene Fläche des Filtrierpapiers möglichst gleichmäßig Boden aus, drückt diesen hart an das Filtrierpapier an, streicht die Oberfläche eben und wägt, nachdem die oberste Bodenschicht vollkommen durchfeuchtet ist. Moorboden muß dabei in nassem Zustande bereits aufgebracht werden. Die Wägungen und damit die Verdunstungsbestimmungen haben nunmehr gleichzeitig mit den Wägungen zu erfolgen, welche zur Bestimmung der Verdunstung der freien Wasseroberfläche erforderlich sind, und auf welche das Ergebnis

Die Bestimmung der Wasserverdunstung.

bezogen werden soll; sie können täglich ausgeführt werden. Es ist dabei das Nachfüllen von Wasser nicht zu vergessen.

Man schneide sich aus Blech dreikantige Kämme von 1 cm Seitenlänge, ferner ebenso quadratisch geformte Kämme und bringe damit den aufgelegten Boden in verschieden gestaltete Erdflächen. Die Versuche werden so mit jedem Boden bei verschiedener Gestalt der Erdflächen wiederholt.

Es ist die Berechnung der Wasserverdunstung für die projizierte wie für die Gesamtfläche in jedem Falle durchzuführen. Alle Beobachtungen sind in ,,Millimeter Verdunstungshöhe" zu berechnen.

Fünfte Aufgabe.

Die Bestimmung der Wasserverdunstung aus dem Boden unter Berücksichtigung verschiedener Wasserleitung.

Erforderliche Apparate:

Eine Tischdezimalwage für 20 Praktikanten mit einem Gewichtssatze bis zu 1 kg.

Blechgefäße von 20 cm Durchmesser und 20 cm Höhe. (Hierfür können im Wintersemester Pflanzenkulturgefäße benutzt werden.)

Ferner Glasröhren von 20 cm Länge und 1 cm lichter Weite.

Wenn diese Gefäße 6 kg Boden fassen, so schlämmt man zunächst 1 kg derart in das Gefäß ein, daß dieser Boden gerade mit Wasser gesättigt ist. In die Mitte des Gefäßes stellt man das Glasrohr ein, durch welches Wasser nachgefüllt werden soll. Das Gewicht des Gefäßes + Glasrohr, des eingefüllten Bodens und der zugegebenen Wassermenge ist festzustellen. Es werden nun die übrigen 5 kg Boden nachgefüllt, ohne daß weiteres Wasser zugegeben wird; und zwar 1. ganz locker, 2. 1 kg fest, darüber 4 kg locker, 3. 3 kg fest, darüber 2 kg locker, 4. 4 kg fest, darüber 1 kg locker, endlich 5. alle 5 kg fest.

Die Feststellung der jetzt verdunstenden Wassermengen wird nun so lange durchgeführt, bis die Verdunstungsgröße im Verhältnis zur Verdunstung der freien Wasseroberfläche konstant ist. Dabei wird nach jeder Wägung die verdunstete Wassermenge wieder durch Nachgießen durch das Glasrohr in gleicher Höhe ersetzt.

Welchen Einfluß hat die Bodenbearbeitung auf den Wasserhaushalt des Bodens? — Inwieweit hat die Tiefe der Bodenbearbeitung bei diesem Versuche einen Einfluß auf die Wasserverdunstung?

Sind unsere Gefäße unten wasserdurchlässig, so können wir in diesen auch bei der verschiedenen Einfüllung die verschiedene Höhe der Wasserkapazität je Volumeneinheit Boden feststellen. Welchen Einfluß hat die Bodenbearbeitung auf die Wasseraufnahmefähigkeit des Bodens?

Schließlich sind diese mit Wasser gesättigten Gefäße trocken zu stellen, und es ist sodann die Wasserverdunstung von neuem festzustellen, ohne daß das verdunstete Wasser nachgegeben wird. Jetzt ist die Kurve der Wasserverdunstung im Verlaufe der Zeit, gemessen in Verdunstungseinheiten der Verdunstung der freien Wasseroberfläche, zu bestimmen. Man beobachtet, daß der oben gelockerte Boden zunächst mehr, später weniger Wasser verdunstet als der festgelagerte.

Es können sich Versuche anschließen, um die Wasserverdunstung aus dem Boden durch Auflegen verschiedenen Materiales einzuschränken.

Sechste Aufgabe.

Versuche zur Bestimmung der Wasserdurchlässigkeit des Bodens.

Erforderliche Apparate (Abb. 6a und b):

Es wird am besten ein Serienapparat gebaut, da sonst jeder einzelne Apparat eigenen Wasserzufluß und eigenen Wasserabfluß haben muß; das Wasser wird dann aus einem Reservoir (Abb. 6a *a*) durch eine Reihe von T-Stücken (*b*) durchgeleitet, deren nach unten gerichtetes Ansatzstück je mit einem Glashahne versehen ist, durch den man den Wasseraustritt regulieren kann. Das Wasser wird von diesen Hähnen aus ohne Druck in die Durchflußzylinder (*c*) auftropfen gelassen. Als solche können die Wahnschaffeschen Zylinder von der Wasserkapazitätsbestimmung benutzt werden, oder falls man die Vorgänge, welche sich in den Röhren abspielen, lieber beobachten will, solche gleicher Größe aus Glas, deren Rand unten nach außen umgelegt und mit einem Drahtnetz (mit Apothekerkniff) überspannt wird (wie Abb. 6a *c* und 6b *c*).

Die Durchflußzylinder werden in die zur Wasserkapazität benutzten Glastrichter (*d*) eingestellt, welche fest auf einem Brette (*e*) montiert sind. Unter diesen Trichtern auf einem tiefer angebrachten Brette stehen alsdann Literflaschen (*f*), welche die

Versuche zur Bestimmung der Wasserdurchlässigkeit des Bodens.

durchgeflossenen Wassermengen aufnehmen; darunter zum Auswechseln eine gleiche Anzahl von Reserveflaschen (g). —
Es sind ferner erforderlich je zwei Kapillarheber. Das sind Heber aus Glasrohr von etwa 1 mm Lumendurchmesser (Abb. 7): diese kleinen Heber saugen das Wasser so weit kapillar auf, daß dieses dabei das Übergewicht erhält, und sich so selbständig abhebert. Je zwei derartige Heber werden parallel geschaltet, mit ihrem Ausflußende in einen Gummischlauch (Abb. 6 b i) gesteckt,

Abb. 6a. Apparate zur Bestimmung der Wasserdurchlässigkeit des Bodens.

an welchen ein längeres Glasrohr angebracht ist, durch welches das überschüssige Wasser in die Abflußleitung auf einer Blechrinne (Abb. 6 h) zurückfließt.

(Abb. k) ist ein Steigrohr, durch welches man Luftblasen aus der Leitung vorm Ansetzen der Versuche durch Neigen entfernen kann.

Endlich sind erforderlich die nötigen Wassermeßgefäße, Meßzylinder von 500, 200 und 100 ccm mit entsprechender Teilung.

In dem Durchflußzylinder wird der Boden eingewogen und zweckmäßig alsdann nach Einstellen des Zylinders in Wasser bis zur Höhe der Bodenschicht, die Wasserkapazität des Bodens bestimmt.

2*

Sechste Aufgabe.

Der Durchflußzylinder wird alsdann auf dem Glastrichter in den Apparat eingestellt, und nun die Wasserzufuhr derart reguliert, daß ständig etwas Wasser durch die Kapillarheber abgehebert wird, so daß also ständig mehr Wasser zufließt, als durch den Boden abfließen kann; diese Einregulierung bietet keine Schwierigkeiten. Durch sie wird erreicht, daß der Wasserstand über dem Boden stets gleich hoch ist.

Fließt das Wasser stärker zu, so wird leicht die oberste Bodenschicht aufgeschlämmt, es bilden sich Gruben, .., — Um das zu vermeiden, empfiehlt es sich, die Bodenzylinder nicht ganz mit Boden zu füllen, damit zu oberst noch eine Schicht von 1 cm groben Kies aufgelagert werden kann.

Die durch den Boden durchgeflossenen Wasser-

Abb. 6b. Apparate zur Bestimmung der Wasserdurchlässigkeit des Bodens.

Abb. 7. Kapillarheber.

mengen werden alsdann in bestimmten Zeitintervallen gemessen und auf die Zeiteinheit berechnet.

Aufgabe a. Es ist festzustellen, wann man bei diesen Versuchen bei den verschiedenen Bodenarten zu einer Konstanz kommt. Unterliegt die Veränderung der Durchflußgeschwindigkeit des Wassers durch den Boden mit der Zeit, falls eine solche feststellbar ist, einem bestimmten Gesetz?

Hat man keinen Kies aufgelegt, so rühre man nach einiger Zeit die oberste Bodenschicht um. Ändert sich dadurch die Durchflußgeschwindigkeit? und warum?

Aufgabe b. Man leite nach einiger Zeit eine 5proz. Chlor-

kaliumlösung durch den Boden. Welchen Einfluß hat dieselbe auf die Durchflußgeschwindigkeit, und wodurch ist dieser bedingt? Man lasse wieder Wasser folgen und bestimme von neuem die Durchflußgeschwindigkeit durch den Boden, usf.

Aufgabe c. Man ersetze in dem Durchflußzylinder die Bodenschicht, und zwar zu 10—20—30—40—50—60—70—80—90 und zu 100 vH des Bodenvolumens durch groben Kies, und bestimme alsdann den Einfluß der Höhe der Bodenschicht auf die Durchlässigkeit des Bodens. Ein eindeutiges Gesetz wird man hier nur dann erhalten, wenn man die Kiesschicht jedesmal unter den Boden lagert. Warum?

Welchen Einfluß hat ein successives Vermengen des Bodens mit Sand?

Ist es für die Durchlässigkeit des Bodens gleich, ob ich den Sand oben auf den Boden lagere, unter den Boden lagere, oder, wenn ich ihn mit dem Boden vermische, — Was stehen für Resultate zu erwarten?

Wenn man das Boden-Sandgemisch in die Durchflußzylinder vorsichtig portionsweise einschlämmt, und zwar derart, daß man das Wasser in dem Zylinder stets so hoch hält, daß sich der Boden unter Wasser einlagert, wird das von Einfluß auf die Durchlässigkeit des Bodens sein?

II. Feinere Methoden der Bodenuntersuchung.

Siebente Aufgabe.
Die Bestimmung der Empfindlichkeit der Wage.

Man bringt unsere Präzisionswage in Schwingungen und beobachtet unter herabgelassener Glasscheibe die Stellung des Nullpunktes.

Es wird der Ausschlag in Zehntelteilstrichen der unter dem Zeiger angebrachten Skala während der Schwingung festgestellt, und zwar bei je vier Ausschlägen nach der ersten Seite hin, bei der man die Beobachtungen beginnt und bei je drei Ausschlägen nach der anderen Seite hin, wobei wir die Ausschläge rechts vom Nullstrich —, und die links + bezeichnen wollen, also z. B.:

linker Ausschlag	rechter Ausschlag
+5,7	−3,8
+5,4	−3,5
+5,2	−3,3
+5,1	
im Mittel: +5,35 Nullpunkt der Skala!	−3,53

Siebente Aufgabe.

Warum nimmt man nicht auf beiden Seiten gleichviel Ausschläge? Wir bilden nun die Summe dieser Ausschläge und dividieren sie durch 2 und erhalten so die Lage des Nullpunktes.

$$+ 5,35$$
$$- 3,53$$
$$+ 1,82$$

Der Nullpunkt liegt also bei 0,91 Teilstrich auf der linken Seite der Skala.

Wie gestalten sich die Verhältnisse, wenn beide Ausschläge auf der rechten Seite der Skala liegen, also negativ sind, oder, wenn beide Ausschläge auf der linken Seite der Wage liegen, also positiv sind?

Es wird nun auf die eine Seite, wo die Gewichte aufgelegt werden, ein Zentigrammstück aufgelegt, und von neuem festgestellt, auf welchem Teilstrich nunmehr der Nullpunkt liegt. — Er sei $+ 6,82$.

Man berechne nun, welche Nullpunktverschiebung in Teilstrichen durch ein Milligramm herbeigeführt wird.

0,01 g $= 6,82 - 0,91 = 5,91$ Teilstriche
0,001 g $= 0,6$ Teilstrich.

Bei der Empfindlichkeit unserer Präzisionswage können wir so unsere Wägungen noch auf 1 mg genau ausführen.

Die Lage des Nullpunktes der Wage ist jeden Tag neu zu bestimmen.

Warum kommt sie für Differenzwägungen, die am gleichen Tage ausgeführt werden, nicht in Betracht? — Wodurch ist eine Veränderung der Lage des Nullpunktes zu erklären?

Welche Genauigkeit ist nun bei unseren Bodenuntersuchungen erforderlich?

Die Genauigkeit, mit der wir unser Gewicht festzustellen haben, richtet sich ganz nach der Größe des Gewichtes, welches wir bestimmen müssen. Da wir bei Bodenuntersuchungen, schon wegen der Ungleichartigkeit unseres Materiales, kaum genauere Untersuchungen auszuführen vermögen, als auf 1 vH der gemessenen Größe, so ist jedwede Beobachtung, welche über diese Genauigkeit hinausgeht, eine völlig überflüssige Arbeit, die nur davon Zeugnis ablegt, daß man noch nicht wissenschaftlich denken und arbeiten kann Setzen wir uns die Genauigkeit von drei zählenden Stellen, oder nehmen wir meinetwegen, um die letzte (dritte) Stelle richtig abzurunden, noch eine vierte, bereits un-

nötige Stelle hinzu, so sehen wir gleichzeitig, daß wir auch bei allen Rechnungen nicht weiter gehen dürfen, und daß wir bei diesen mit der einfachen vierstelligen Logarithmentafel reichlich auskommen können, sofern wir nicht uns gar mit einem Rechenschieber begnügen wollen. Werden Rechnungen mit weiterer Genauigkeit ausgeführt, als es die Beobachtungen gestatten, so wird ein derartiges Zahlenmaterial dem Laien fälschlich eine größere Exaktheit in der Arbeit vortäuschen, dem Wissenschaftler aber dokumentieren, daß der Beobachter selbst nicht wissenschaftlich durchgebildet ist.

Wenn wir nun das in Betracht ziehen und nunmehr an das Wägen von Boden herangehen, so werden wir, wenn wir zu einer Untersuchung 100 g Boden heranziehen müssen, gern unsere grobe Wage benutzen können, die ja noch auf 0,1 g genau arbeitete; haben wir dagegen nur 10 g von unserer Substanz abzuwiegen, so wird man hierfür schon unsere Präzisionswage benutzen müssen, ohne diese jedoch in ihrer Empfindlichkeit voll auszunutzen. Kommt es dagegen darauf an, Veränderungen im Gewichte unseres Bodens festzustellen, so z. B. eine Wasserabgabe, die ihrerseits wieder 1 vH des Bodengewichtes beträgt, so müssen wir naturgemäß auch das Gewicht unserer angewandten Bodenmenge entsprechend genauer bestimmen. Hatten wir so z. B. 10 g Boden, und wollen wir feststellen, daß dieser 1 vH Wasser abgab, so haben wir hier nicht den Boden, sondern die Wasserabgabe auf 1 vH genau zu bestimmen, d. h. ein Gewicht von 0,1 g Wasser. Wir müssen dann natürlich unseren Boden im frischen wie im getrockneten Zustande auf 1 vH dieser Wassermenge, also auf 0,001 g genau auswiegen, wobei wir die Empfindlichkeit unserer Präzisionswage voll ausnutzen würden.

Achte Aufgabe.

Die Bestimmung der Korngröße der festen Bodenbestandteile.

a) Die Siebmethode.

Erforderliche Apparate:

Für je 10 Praktikanten ein Satz Rundlochsiebe von 5 mm, 3 mm, 2 mm, 1,5 mm und 1,0 mm Lochdurchmesser, ferner Maschensiebe von 0,5 mm und 0,25 mm Maschenweite.

Glasschälchen zum Abwägen der Siebsortimente.

Ein größerer Porzellanmörser mit Holzpistill.

Ausleselupen.

Ein Trockenschrank.

Es werden 500 g roher Boden abgewogen und nacheinander durch die verschiedenen Siebe abgesiebt. — Mit welchem Siebe fängt man hier zweckmäßig zuerst an?

Man benutzt hierzu den zuvor nicht abgesiebten Boden, und zwar zunächst lufttrocken, bringt ihn in einen Porzellanmörser, und zerreibt ihn hier gründlichst mit dem Holzpistill. Arbeitet man hierbei zweckmäßig mit der ganzen Bodenmasse? mit größeren oder kleineren Portionen?

Der Boden ist dabei so weit wie möglich zu zerkleinern, ohne daß feste Bodenteilchen dabei zerdrückt werden.

Ein zweites Mal schlämmt man den Boden durch die verschiedenen Siebe durch, fängt den Siebrückstand jedesmal quantitativ auf, trocknet ihn in den Schälchen im Trockenschranke bei 105—110° C, läßt ihn alsdann einen oder mehrere Tage an der Luft stehen, und bestimmt sodann das Gewicht. — Warum darf das Gewicht des getrockneten Siebrückstandes nicht gleich nach dem Trocknen bestimmt werden?

Beim Sieben des trockenen Bodens stelle man fest, wie die Gewichte der durch ein bestimmtes Sieb durchfallenden Sandkörner mit der Zeit abnehmen. Kann man diese Erscheinung gesetzmäßig fassen? — Eine ganz gleichmäßige Art des Siebens ist hierbei naturgemäß unbedingt erforderlich!

Von den abgeschlämmten, rein gewaschenen Sandkörnern sind von verschiedenen Bodenarten je 500 Körner abzuzählen. Mit Hilfe des später festzustellenden spezifischen Gewichtes ist dann das Volumen des einzelnen Kornes zu ermitteln. Sind die Kornvolumina bei verschiedenen Bodenarten, wenn diese durch die gleichen Siebe abgesiebt wurden, stets gleich groß? Sollte man hier Unterschiede finden, worauf sind diese zurückzuführen?

Ist das Gewicht eines bestimmten Siebsortimentes bestimmend für die Anzahl der abgesiebten Körner?

Wodurch wird diese noch bedingt?

b) Die Schlämmethode.

Erforderl che Apparate:

Die vorigen.

Kühnsche Schlämmzylinder (Abb. 8) mit Einfülltrichter und Rührstock.

Eiserne Dreifüße mit Asbestauflagen und Bunsenbrennern.

Eine größere Porzellanschale von 15 cm Durchmesser.

Reagenzgläschen.

Ein größeres Sandbad für 10 Porzellanschalen für je 10 Praktikanten.

Die Bestimmung der Korngröße der festen Bodenbestandteile. 25

Von dem durch das zwei Millimetersieb durchgesiebten Boden werden 50 g abgewogen, in eine Porzellanschale gebracht und hier mit Wasser übergossen und so lange unter ständigem Umrühren gekocht, bis sich alle zusammengeballten Teilchen voneinander gelöst haben. Man kann alsdann etwas kaltes Wasser dazugeben; nimmt darauf den Schlämmzylinder zur Hand, verschließt ihn mit einem Stopfen, der innen mit der Gefäßwand abschließt, und gibt hier zunächst so viel kaltes Wasser hinein, daß die angeschmolzene Ausflußmündung ganz mit Wasser umspült ist. Hierauf gießt man durch den Einfülltrichter den Boden aus der Porzellanschale quantitativ über, und füllt alsdann den Schlämmzylinder bis zur Marke mit Wasser voll.

Man rührt jetzt den Boden gründlich mit einem Holzstabe um, entfernt diesen aus der Flüssigkeit, läßt den Schlamm zunächst 10 Minuten ruhig absetzen, öffnet darauf den Stopfen des Schlämmzylinders und läßt die noch aufgeschlämmten Bodenteilchen abfließen. Der Schlämmzylinder wird jetzt von neuem bis zur Marke angefüllt, der Schlamm wieder gründlichst umgerührt und von jetzt ab alle 5 Minuten abgelassen. In dieser Weise wiederholt man diese Manipulationen so oft, bis das überstehende Wasser ebenso klar ist wie das zugegebene Wasser.

Abb. 8. Kühnscher Schlämmzylinder.

Man stellt das dadurch fest, indem man von dem abfließenden Wasser ein Reagenzröhrchen voll auffängt und dieses mit einem mit dem zum Schlämmen verwendeten Wasser gefüllten Reagenzröhrchen vergleicht, wobei man von oben in die Röhrchen hineinblickt.

Ist dieses Stadium erreicht oder nahezu erreicht, so führt man den Bodensatz quantitativ in die Porzellanschale und bringt ihn in dieser auf einem Sandbade zur Trockne. Der getrocknete Boden wird alsdann an der Luft stehen gelassen und am nächsten Tage im ganzen gewogen, kann dann aber noch durch die Siebe in verschiedene Korngrößen zerlegt und so einzeln gewogen werden. Die Differenz von den angewandten 50 g lufttrockenem Boden und dem lufttrocken gemachten Bodensatze ergibt die Menge der in einem Boden abschlämmbaren feinsten Teilchen.

Variationen des Versuches:
Man nimmt den gleichen Boden, läßt ihn aber nach dem Aufschlämmen statt je 5 Minuten, bei verschiedenen Versuchsreihen je 0,5, je 1 und je 2 Minuten absetzen. Besteht zwischen der Absatzzeit und der Menge der abschlämmbaren Teilchen eine

bestimmte mathematische Beziehung? Wenn das nicht der Fall sein sollte, worauf ist das zurückzuführen?

Die Versuche werden in der zuerst angegebenen Weise mit dem gleichen Boden ausgeführt, nur daß statt des sonst üblichen Leitungswassers destilliertes Wasser zum Aufschlämmen verwendet wird. — Ändert sich hiermit das Ergebnis? und warum?

Die Versuche werden in gleicher Weise mit Leitungswasser ausgeführt, doch wird der Boden ohne vorheriges Kochen direkt lufttrocken zum Schlämmen angesetzt.

Oder, es wird der Boden mit einer verdünnten Ammoniaklösung vorbehandelt. Welchen Einfluß haben diese Vorbehandlungen auf das Ergebnis?

Kann man die verschiedenen Bodenarten mittels der Sieb- und der Schlämmethode in Sortimente von verschiedener Korngröße zerlegen? Und unter welchen Bedingungen sind diese Korngrößen bei verschiedenen Bodenarten die gleichen?

Neunte Aufgabe.
Die Ausflockung des Tones.
Erforderliche Apparate:
Bechergläser, Lösungen von verschiedener Konzentration.

Zwei gegeneinander im Korken verschiebbare Glasröhren von verschiedener Spitzenöffnung, in welche mittelst einer T-Stück-Verbindung der gleiche Druck einzulassen ist (Jägerscher Apparat zur Bestimmung der Oberflächenspannung).

Es werden eine Reihe gleicher Bodenmengen in Bechergläsern mit Wasser bzw. mit steigenden Konzentrationen von Chlorkalium, von Ammoniak bzw. von Schwefelsäure übergossen, umgerührt und das Ausflocken der Tonsubstanzen festgestellt.

Es wird die Konzentration der Lösung festgestellt, bei welcher der Ausflockungsprozeß eintritt, und ihre Oberflächenspannung bestimmt.

Es wird die Veränderung der Oberflächenspannung während des Ausflockungsprozesses in einem Kühnschen Schlämmzylinder festgestellt. und die Schlämmkurve auf diese Weise ermittelt.

Es wird die Veränderung der Schlämmkurve durch die Zugabe von Salzen bei den gleichen Bodenarten untersucht.

Zehnte Aufgabe.
Die Trockensubstanzbestimmung beim Boden.
Erforderliche Apparate:
Unsere Präzisionswage mit Gewichten.

Die Trockensubstanzbestimmung beim Boden. 27

Flache Glasschälchen von 8 cm Durchmesser, mit oben eben geschliffenem Rande (*h*) (Abb. 9), eben geschliffene Glasscheiben von 8,5 cm Durchmesser zum Abdecken derselben.

Kugelexsikkatoren (*a*) mit Dreifüßen (*g*), Unterlegscheiben von 8 cm Durchmesser (*k*) und Messingdeckel (*b*), welche mit einer Tube (*c*) und aufgezogenem Vakuumschlauch (*d*) versehen sind, um sie zu evakuieren. Ein Gummiring (*e*). — Für je sechs Exsikkatoren einen Kochtopf zum Erhitzen derselben auf 100° C.

Waschflaschen mit konzentrierter Schwefelsäure beschickt.

Phosphorpentoxyd.

Ein Manometer mit Glashahn (Abb. 10).

Ein größerer Trockenschrank mit Thermometer bis 150° C.

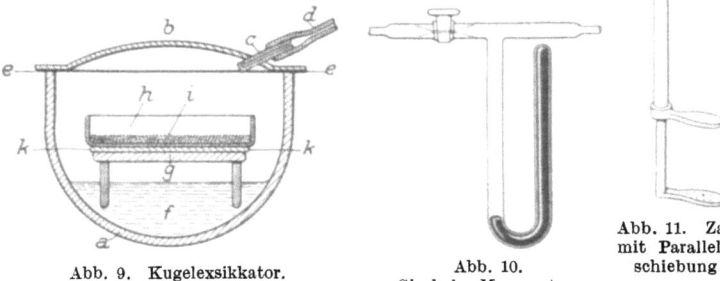

Abb. 9. Kugelexsikkator. Abb. 10. Glashahn-Manometer. Abb. 11. Zange mit Parallelverschiebung [1]).

Eine Zange mit Parallelverschiebung nach Rodewald (Abb. 11).

Gummischmiere [2]).

---

[1]) In der Mitte läuft in einem Messingrohre *a—c* ein Eisenstab *b—d*, an welchem oben ein Riegel, unten eine mit Kork versehene Zangenplatte angebracht ist. Das Messingrohr ist oben von *b—a* aufgeschlitzt, so daß man den Riegel bis *a* zu einem Knopf heraufführen kann. Es trägt unten die andere Zangenplatte. Zwischen Knopf und Riegel *a—b* ist eine Feder aus stärkerem Messingdraht angebracht, welche die Zange stets offen hält. Man greift mit der Zange, indem man den Riegel zu dem Knopf heraufzieht.

[2]) Die Gummischmiere, welche wir einer Zusammenstellung von Herrn Geheimrat Prof. Dr. Rodewald-Kiel verdanken, hat den Vorzug, so konsistent zu sein, daß sie sichere Verschlüsse gewährleistet und dabei doch so weich zu bleiben, daß sich die damit eingefetteten Gefäße, auch wenn sie jahrelang unangerührt stehen bleiben, leicht öffnen lassen.

Sie wird hergestellt, indem man 80 Teile Rindertalg, 30 Teile unvulkanisierten Gummi (man kann hier auch 35 Teile alten roten Gummischlauch verwenden!) und 15 Teile Öl so lange miteinander unter dem Abzuge kocht, bis die Flüssigkeit nicht mehr schäumt. Hat man alten

Zehnte Aufgabe.

a) Das Trocknen im Trockenschrank.

In die flachen Glasschälchen wird lufttrockener Boden eingewogen. Bei Mineralböden 30—50 g, bei Moorböden 5—10 g. Hierzu wird zunächst das Glasschälchen mit aufgeschliffenem Deckel als „Tara" gewogen (wie genau hat das zu geschehen?), alsdann wird das etwa 1,5 cm hohe Schälchen ungefähr zur Hälfte mit Boden gefüllt und dann mit diesem und dem zuvor gewogenen Deckel von neuem gewogen. (Wie genau ist dieses Gewicht festzustellen, wenn wir nachdem die Wasserabgabe bestimmen wollen?)
Die Schälchen werden jetzt in den Trockenschrank gebracht, wobei der Deckel naturgemäß zuvor entfernt wird. Wir erhitzen den Schrank möglichst genau auf 100—105° C, nehmen das Schälchen nach 2 Stunden heraus, bedecken es sofort mit unserer Glasscheibe und lassen es alsdann in dem Exsikkator, welcher auf ein Gestell aufgestellt ist und mit Chlorkalzium beschickt wurde, erkalten. Nach dem Erkalten bringen wir es auf die Wage, indem wir das zugedeckte Schälchen mit unserer Zange aus dem Exsikkator herausheben.
Warum kann man das Schälchen nicht sofort warm wiegen?
Nach der Feststellung des Gewichtes wird das Schälchen mit dem Boden (ohne den Glasdeckel) von neuem in den Trockenschrank gebracht und wieder 2 Stunden getrocknet, um festzustellen, ob das Gewicht das gleiche geblieben ist. Man fährt so fort bis zur Gewichtskonstanz. Ist diese erreichbar? und in welcher Zeit? Welche Gewichtsdifferenz dürfen wir schließlich bei der Genauigkeit unserer Arbeit mit in den Kauf nehmen?
Nach Erreichung der Gewichtskonstanz bringen wir wieder den Boden in dem Schälchen in unseren Trockenschrank und erhitzen ihn hier auf 105° C bis 110° C. Wir führen diesen Versuch wiederum so lange durch, bis wir konstantes Gewicht erhalten. Ändert sich das Gewicht? — Ist diese Veränderung lediglich auf weitere Wasserabgabe zurückzuführen?
Man mache den Versuch auch mit Moorboden!
Der Wassergehalt des lufttrockenen Bodens wird aus den Gewichten berechnet. Wir fanden
   I = Gewicht der Tara.
  II = Gewicht des lufttrockenen Bodens + Tara.
 III = Gewicht des getrockneten Bodens + Tara.

Gummischlauch verwendet, so ist die Flüssigkeit noch heiß durch ein feines Seihsieb zu filtrieren. Man läßt alsdann die Flüssigkeit erstarren. Ist sie noch zu konsistent, so kann man sie noch einmal verflüssigen und durch weiteren Zusatz von Öl auf jede beliebige Konsistenz bringen.

Die Trockensubstanzbestimmung beim Boden.

III—II ergibt die Wasserabgabe.
II—I das Gewicht des lufttrockenen Bodens.
III—I das Gewicht des trockenen Bodens.

Lassen wir den lufttrocken gemachten Boden weiter an der Luft stehen, so verändert sich sein Gewicht im Verlaufe der Zeit; es wird mal größer, mal kleiner. Wodurch wird das bedingt? Der trockene Bodenzustand muß dagegen etwas Konstantes sein, den man bei wiederholtem Trocknen wieder erhalten kann.

Wenn man nun den Wassergehalt des Bodens in Prozenten berechnet, wird man diesen in Prozenten des lufttrockenen oder des trockenen Bodens festzustellen haben?

b) Das Trocknen im Exsikkator.

Der lufttrockene Boden (h), den wir in unser Schälchen (i) eingefüllt und mit diesem gewogen hatten, wird nun mit diesem in unseren Exsikkator (Abb. 9) eingestellt, nachdem wir zuvor auf dessen Boden Phosphorpentoxyd (f) brachten, einen Dreifuß einstellten (g) und diesen mit einer Glasplatte (k) bedeckt hatten. Das Schälchen soll genau auf dieser Glasplatte stehen! Warum? — Es wird alsdann der Rand des Exsikkators schwach eingefettet, ein Gummiring (e) aufgelegt und der Deckel (b) aufgedeckt, nachdem zuvor auch der untere ebene Rand desselben schwach eingefettet wurde.

Das Gewicht unseres mit Boden beschickten Schälchens, welches sofort nach dem Öffnen des Exsikkators mit dem mitgewogenen Glasdeckel abzudecken ist, ist nun zweimal wöchentlich zu kontrollieren, bis Gewichtskonstanz erreicht wird. Man findet, daß die hierzu erforderliche Zeit sehr groß ist, so daß dieser Versuch aus Mangel an Apparaten nur vereinzelt ausgeführt werden kann.

Der Versuch ist zu wiederholen; doch ist nun der Exsikkator zu evakuieren. Wollen wir nun den Boden wieder wiegen, so müssen wir zunächst unseren Exsikkator wieder mit trockener Luft füllen. Wir legen dazu zwei Schwefelsäure-Waschflaschen vor, und lassen langsam Blase für Blase Luft eintreten; vordem orientieren wir uns aber (Vorsicht!) an dem zwischen Exsikkator und Glashahn geschalteten Manometer (Abb. 10), ob der Exsikkator luftleer geblieben war.

Auch diese Wägungen sind zweimal wöchentlich zu wiederholen.

Der Trocknungsprozeß wird nun weiter beschleunigt, wenn wir unseren mit Boden beschickten und evakuierten Exsikkator in unseren Dampftopf einhängen und ihn hier auf 100° C erhitzen.

Es ist zu untersuchen, wie lange wir dann trocknen müssen, und das Erhitzen hierzu je zwei, vier und sechs Stunden auszuführen.

Der gekochte Exsikkator muß, bevor trockene Luft eingeleitet wird, erst abkühlen. Zum Öffnen erhitzt man zweckmäßig den Messingdeckel mit einem Bunsenbrenner (unter Schonung des Schlauches!) und hebt dann den Deckel bei einer schwachen Drehbewegung ab. Sofort nach dem Öffnen ist das Schälchen mit dem Glasdeckel zuzudecken, mit der Parallelzange aus dem Exsikkator herauszuheben und zu wiegen.

Warum kann man nicht andere Wasser absorbierende Substanzen außer Phosphorpentoxyd verwenden? Warum bringt man nicht im Exsikkator selbst ein Manometer an, um sich über die Luftleere zu informieren?

Das Phosphorpentoxyd ist nur so lange zur Trockenbestimmung brauchbar, als feste Substanz an seiner Oberfläche ist.

Man versuche mal den Boden, ohne ihn zu erhitzen, in einem Exsikkator (wie Abb. 14) über konzentrierter Schwefelsäure und ein andermal über Chlorkalzium zu trocknen!

Gleichzeitig mit dem Ansetzen der Trockensubstanzbestimmung über Phosphorpentoxyd bringen wir eine größere Menge unseres lufttrockenen Bodens in eine mit eingeschliffenem Stopfen versehene Pulverflasche, fetten den Stopfen ein und verschließen den Boden so gut gegen die Luft. — Das Material, welches dann einen für uns bekannten Wassergehalt besitzt, der sich auch, da lufttrocken, während des Wiegens an der Luft wenig ändert, benutzen wir jetzt als Ausgangsmaterial für die weiteren Bodenuntersuchungen.

Elfte Aufgabe.

Die Bestimmung des spezifischen Gewichtes des Bodens.

Erforderliche Apparate:
Unsere Präzisionswage mit Gewichten.
Ein Pyknometer (Abb. 12).
Ein zu evakuierendes Glasgefäß (wie Abb. 14).
Eine Spritzflasche.
Gummischmiere.

Das Pyknometer besteht aus einem etwa 50 ccm fassenden Fläschchen (a), in welches ein Stopfen (b) eingeschliffen ist. Dieser Stopfen mündet in ein Glasrohr aus, welches eine Marke (c) trägt.

Die Bestimmung des spezifischen Gewichtes des Bodens. 31

Der Glasstopfen wird zunächst an dem Schliff eingefettet, ohne aufgesetzt zu werden und zusammen mit dem Pyknometergefäße gewogen.

Warum darf der Stopfen nicht zuvor aufgesetzt werden? Es wird nun Wasser, das in unserer Spritzflasche durch längeres Kochen luftleer gemacht und (ohne Umschwenken!) wieder abgekühlt wurde, in das Pyknometer eingefüllt und alsdann der Stopfen so unter leichtem Umdrehen aufgesetzt, daß der Schliff überall totale Reflektion des Lichtes zeigt.

Das Wasser ist nunmehr bis auf die im Halse des Stopfens angebrachte Marke mit Wasser zu füllen, wobei man sich am besten eines auf der einen Seite zu einer feinen Kapillare ausgezogenen Glasröhrchens bedienen kann. Wie ist der Wassermeniskus zur Marke einzustellen? Und warum nicht anders?

Abb. 12.
Pyknometer.

Wenn man nun aus der Differenz der beiden Wägungen das Volumen des Pyknometers bestimmt, wie groß wird dann der Fehler, welcher von uns vielleicht dadurch gemacht wird, daß wir kein destilliertes, sondern Leitungswasser zu diesen Versuchen benutzen? — Es ist das in jedem Falle experimentell zu ermitteln.

Steht eine Mohr-Westphalsche Wage mehreren Praktikanten zur Verfügung (Abb. 13), so mag auch noch mit dieser das spezifische Gewicht des destillierten und des Leitungswassers bestimmt werden. Bei destilliertem Wasser wird das spezifische Gewicht meist unter 1 sein, so daß das Gewicht Abb. 13 A_1 nicht an den Haken b eingehenkt wird, an dem das kleine Thermometer hängt, welches in die zu untersuchende Flüssigkeit eintaucht; man wird hier durch Auflegen der anderen Gewichte A, B, C und D in die Kerbe des Wagebalkens das Gleichgewicht mit dem in der Luft schwebenden Gegengewicht herstellen können. Beim Leitungswasser wird man hingegen das Grundgewicht A_1 zuvor in den Haken b einhängen müssen! Warum?

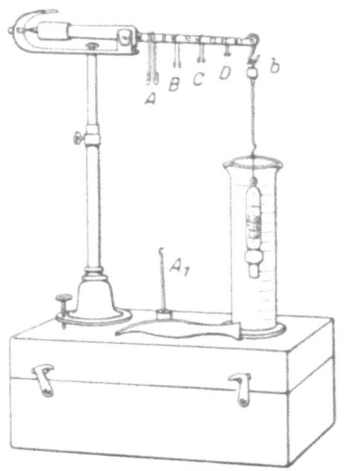

Abb. 13. Mohr-Westphalsche Wage.

Elfte Aufgabe.

Welchen Fehler machen wir bei der Bestimmung des spezifischen Gewichtes, wenn wir die jeweilige Temperatur des Wassers nicht berücksichtigen?

Das spezifische Gewicht des Wassers ist bei

+ 4° C 1,000 000	+ 18° C 0,998 663
+ 10° C 0,999 739	+ 20° C 0,998 272
+ 15° C 0,999 154	+ 25° C 0,997 140

Inwieweit können wir die hierdurch verursachten Differenzen noch durch unsere Wage ermitteln?

Nachdem das Volumen unseres Pyknometers nunmehr sicher ermittelt wurde, haben wir es wieder zu trocknen. Es geschieht dieses beim Stopfen durch Ausblasen und Austrocknen mit Filtrierpapier. Beim Gefäß selbst muß zunächst der Schliff sauber ausgerieben werden, damit alles Fett entfernt wird, alsdann ist es am Halse anzufassen und vorsichtig unter ständigem Drehen im Bunsenbrenner zu erhitzen und dann mittelst eines eingeführten Glasrohres auszublasen, bis alle Beschläge verschwunden sind. Wenn man jetzt das Pyknometer alsbald unter der Wasserleitung vorsichtig abkühlt, bilden sich von neuem Wasserbeschläge. Woher kommen diese?

Die Trocknung muß in dem Falle kurz wiederholt werden, wobei die Luft mit dem Munde durch das Glasrohr eingesaugt wird.

Wir fetten nun wieder unseren Stopfen von neuem ein und wiegen unser leeres Pyknometer, indem wir wiederum den Stopfen danebenstellen.

Warum können wir hier das vorherige Gewicht nicht benutzen? Wie groß ist der Fehler, wenn wir das tun? Und worauf ist er zurückzuführen?

Das Pyknometer wird nun ein Drittel voll mit Boden gefüllt, dessen Wassergehalt bekannt ist, und wieder gewogen, so daß aus beiden Gewichten unter Berücksichtigung des Wassergehaltes des Bodens die angewandte trockene Bodenmenge resultiert. Wir geben nun so viel Wasser zu, daß dieses eben einige Millimeter über dem Boden steht, stellen das Pyknometer ohne Stopfen in den Exsikkator, der sonst nichts weiter enthält, und evakuieren denselben. Vorsicht, damit die Bodenaufschlämmung nicht überschäumt! Nach wiederholtem Evakuieren beobachten wir, daß die Luftblasen, die aus dem Boden aufsteigen, immer größer werden. Ist es Luft, die sich so expandiert? — Nachdem der Boden 10 Minuten etwa im Vakuum stand, nehmen wir das Pyknometer heraus, füllen es mit dem ausgekochten Wasser voll, und setzen den Stopfen auf. Der Boden ist nun erst im Pyknometer unter Wasser durch Rollen desselben in Schwebe zu bringen. Dabei

Die Bestimmung der Hygroskopizität. 33

werden sich zuweilen noch kleine Luftblasen loslösen, welche durch den Stopfen herauszulassen sind. Es empfiehlt sich bei dieser Manipulation das Pyknometer stets am Halse anzufassen! (Warum?) Eventuell auch den Hals selbst mit einem Handtuch anzugreifen. Steigen keine Luftblasen mehr aus dem Boden auf, so ist das Pyknometer mit Wasser bis zur Marke anzufüllen, wobei man sich zweckmäßig wieder des zu einer feinen Kapillare ausgezogenen Glasröhrchens bedient.

Es wird nun das Gewicht von neuem ermittelt. Zieht man von diesem Endgewichte das Gewicht des leeren Pyknometers und das des eingefüllten trockenen Bodens ab, so erhält man das Gewicht der zugefüllten Wassermenge; zieht man dieses von dem Volumen des Pyknometers ab, so erhält man das Volumen des eingefüllten Bodens. — Welche Korrekturen sind hier für die Temperatur und das benutzte Leitungswasser anzubringen?

Nachdem wir jetzt bei unseren eingangs benutzten Bodenarten einmal den Wassergehalt, dann aber auch das spezifische Gewicht der festen Bodenteilchen genau feststellen konnten, ist es uns erst möglich, auch die Größe des jedesmaligen Hohlraumvolumens bei verschiedener Lagerung des Bodens genau zu berechnen; ebenso können wir jetzt auch erst die genauen Zahlen für die Volumenprozente Wasser feststellen, welche der Boden bei verschiedener Bestimmung der Wasserkapazität enthielt (vgl. die erste und dritte Aufgabe!). Derartige Rechnungen sind als Füllarbeit nachzuholen; sie sind für die Erkenntnis des Bodens besonders lehrreich.

Zwölfte Aufgabe.

Die Bestimmung der Hygroskopizität.

Die Wichtigkeit dieser Bestimmung beruht darin, daß die Hygroskopizität des Bodens eine der Bodenoberfläche proportionale Größe ist, wobei unter „Bodenoberfläche" die Summe der Oberflächen aller Bodenpartikelchen zu verstehen ist, welche eine Gewichtseinheit Boden enthält.

Erforderliche Apparate:

Die Präzisionswage mit den zugehörigen Gewichten.

Die Apparate zum Trocknen des Bodens im Vakuum bei 100° C über Phosphorpentoxyd (Abb. 9).

Ein Exsikkator zur Erzielung des Dampfspannungsausgleiches über 10proz. Schwefelsäure (Abb. 14). Dazu gehört ein Standgefäß (a) mit eben geschliffenem Rande, ein dazugehöriger ebener Glasdeckel (b), ein eingepaßter Gummistopfen mit Glasrohr (c), ein Stück Vakuumschlauch (d).

Zwölfte Aufgabe.

Ferner ein kleines Quecksilbermanometer (e), 10proz. Schwefelsäure (f) = 10 vH H_2SO_4, die der Praktikant sich selbst mit Hilfe der Mohr-Westphalschen Wage herstellen kann[1]), ein Glasdreifuß (g) und unser schon bei der Trockenbestimmung benutztes flaches Glasschälchen (h) mit aufzulegender eben geschliffener Glasscheibe.

Gummischmiere!

Das Gewicht unseres Glasschälchens mit dem aufgeschliffenen Deckel ist uns von der Trockenbestimmung her bekannt. Es werden nun etwa 50 g, bei Moorboden etwa 10 g Boden eingefüllt, und das Gewicht für die erneute Trockensubstanzbestimmung genau festgestellt. Alsdann bringt man das Schälchen mit dem Boden in den zuvor mit 100 ccm von 10proz. Schwefelsäure beschickten Apparat (Abb. 14), fettet den oberen Rand mit Gummischmiere ein, so daß eine kleine Kimme von der Schmiere in der Mitte ringsherum stehen bleibt (ohne daß sonst die Glaswand unnötig beschmiert wird!), und legt lose den Deckel auf, nachdem in diesen der Stopfen und gleichfalls das Glasrohr in den Stopfen mit etwas Fett eingesetzt wurde. Wir verbinden nun unseren Apparat mit der Wasserstrahlluftpumpe und verschließen sodann den Schlauch, indem wir ihn mit einem Glasstöpsel zustöpseln oder einen Quetschhahn aufsetzen.

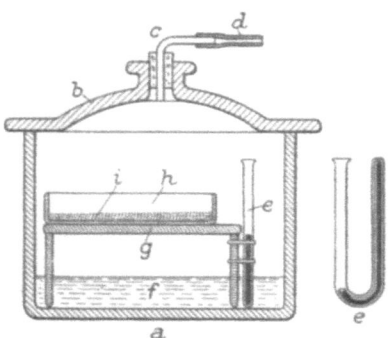

Abb. 14. Exsikkator zur Hygroskopizitätsbestimmung.

Beim Evakuieren wird man oft beobachten, daß sich in der Schwefelsäure kleine Luftblasen bilden, die sich expandieren und an der Oberfläche der Flüssigkeit platzen. Das muß unter allen Umständen vermieden werden, da dadurch unser Glasschälchen von unten Beschläge bekommt, von denen, ganz abgesehen davon,

---

[1]) Das spezifische Gewicht einer 10prozentigen Schwefelsäure beträgt 1,0687 bei 15° C. Ist die Säure kälter, so wiegt sie je Grad Celsius 0,0003 g mehr; ist sie wärmer, so je Grad 0,0003 g weniger. Nachfolgend noch einige spezifische Gewichte verschiedener Schwefelsäurekonzentrationen in H_2SO_4

11 vH = 1,0764   12 vH = 1,0829   15 vH = 1,1048
20 vH = 1,1093   50 vH = 1,3990   90 vH = 1,8199

Die Bestimmung der Hygroskopizität.

daß sie Versuchsfehler bedingen, unsere Wagschale angegriffen werden würde; ebenso darf die Schwefelsäure natürlich nicht Siedeerscheinungen zeigen! Man evakuiert alsdann zunächst nur so weit, bis sich die Luftbläschen bilden und saugt dann nach einiger Zeit weiter nach. Das Dampfspannungsgefäß wird nun 3 Tage an einen dunklen, d. h. vor Wärmestrahlen geschützten Ort, z. B. in einen Schrank eingestellt. Man wird gut tun, hier am nächsten Tage an dem Manometer nachzusehen, ob das Vakuum gehalten hat. Nach 3 Tagen nimmt man den Apparat wieder heraus, man läßt langsam unter Vorlage von Schwefelsäure-Waschflaschen trockene Luft zutreten, öffnet den Apparat und deckt das Schälchen sofort mit dem Glasdeckel ab. Darauf nimmt man das zugedeckte Schälchen mit dem Boden mittelst der Parallelzange heraus, saugt die nunmehr nicht mehr genau 10proz. Schwefelsäure mit einer Pipette heraus und gibt 100 ccm einer neuen genau 10proz. Säure wieder mit der Pipette in den Apparat. Hierbei wird man das Standgefäß am besten etwas schräg halten und an der tiefsten Stelle die Schwefelsäure zufließen lassen, damit sie möglichst nicht mit der Luft in Berührung kommt. Auf eine Reinhaltung des Gefäßes ist Sorgfalt zu legen! — Wir setzen nun unser Bodenschälchen wieder ein. Die Gummischmiere nehmen wir mit einem Messer sauber von dem Gefäßrande und dem Deckel wieder ab und benutzten sie, um von neuem den Gefäßrand in der angegebenen Weise einzuschmieren. Alsdann entfernen wir den Deckel von unserem Glasschälchen, setzen den Deckel des Apparates wiederum auf und evakuieren von neuem. Nachdem der Apparat wiederum zwei oder mehr Tage lang vor Wärmestrahlen geschützt aufgestellt wurde, wird wiederum Luft eingelassen, das Schälchen mit dem Boden sofort nach dem Öffnen mit der Glasscheibe zugedeckt, aus dem Apparat herausgenommen und gewogen (= Tara + Boden + hygr. Wasser).

Wir stellen es jetzt zweckmäßig einen Tag über konzentrierte Schwefelsäure, damit der Boden die größte Wassermenge wieder abgibt, und bringen alsdann das Schälchen mit dem Boden in unseren Kugelexsikkator, in dem wir ihn über Phosphorpentoxyd trocknen. Hier verfahren wir dann genau wie zuvor (Aufgabe 11b) angegeben wurde. Wir erhalten nach dem Trocknen das Gewicht von Tara + trockenem Boden.

Ziehen wir das letzte Gewicht von dem vorigen ab, so erhalten wir die Menge des hygroskopisch gebundenen Wassers, welches der Boden über der 10proz. Schwefelsäure aufnehmen konnte. Multiplizieren wir diese mit 100 und dividieren wir sie durch das Gewicht des trockenen Bodens, so erhalten wir die Hygroskopizität.

36 Zwölfte Aufgabe. Die Bestimmung der Hygroskopizität.

Aus der Wägung des Glasschälchens mit dem lufttrockenen Boden läßt sich der momentane Wassergehalt desselben berechnen. Aus der Veränderung des spezifischen Gewichtes der 10proz. zuerst vorgelegten und der ausgewechselten Schwefelsäure kann man gleichfalls die Wasseraufnahme des Bodens vom lufttrockenen Bodenzustande aus bestimmen. Man benutze hierzu die Mohr-Westphalsche Wage.

Welcher Unterschied tritt in Erscheinung, wenn man Ton unter Wasser, oder wenn man Ton unter Benzol oder einer anderen nicht mit Wasser mischbaren Flüssigkeit aufschlämmt?

Man mache zum Schluß hierzu noch den folgenden Versuch:

Man nehme vier Glasschälchen von etwa 4 cm Höhe und etwa 6 cm Durchmesser und bringe in zwei derselben zusammenhängende Torfmasse als „Humussubstanzen" und in die zwei anderen große von dem gleichen Klumpen abgebrochene Tonkrümel. Man gieße alsdann in je ein mit Humus und mit Ton beschicktes Gefäß Wasser und in je eins derselben eine nicht hygroskopische organische Flüssigkeit, wie Benzol oder Toluol oder Tetrachlorkohlenstoff.

Welche Unterschiede kann man jetzt zwischen Ton und Humus in ihrem Verhalten zu den verschiedenen Flüssigkeiten feststellen?

Welche Rückschlüsse gestattet uns diese Erscheinung auf die verschiedene Oberflächenentwicklung und Oberflächenbenetzung von Ton und Humus?

MIX
Papier aus verantwortungsvollen Quellen
Paper from responsible sources
FSC® C105338

If you have any concerns about our products,
you can contact us on
ProductSafety@springernature.com

In case Publisher is established outside the EU,
the EU authorized representative is:
**Springer Nature Customer Service Center GmbH
Europaplatz 3, 69115 Heidelberg, Germany**

Printed by Libri Plureos GmbH
in Hamburg, Germany